作为人，何谓正确？

稻盛开讲 3

稻盛和夫

（日）

周征文———

译

人民东方出版传媒
People's Oriental Publishing & Media
东方出版社
The Oriental Press

图书在版编目（CIP）数据

稻盛开讲.3,作为人，何谓正确？/（日）稻盛和夫著；周征文译.—北京：东方出版社，2014.12
ISBN 978-7-5060-7933-4

Ⅰ.①稻… Ⅱ.①稻…②周… Ⅲ.①稻盛和夫—企业管理—经验 Ⅳ.① F279.313.3

中国版本图书馆 CIP 数据核字 (2014) 第 309812 号

本书中文简体字版权由北京汉和文化传播有限公司代理
中文简体字版专有权属东方出版社
著作权合同登记号 图字：01-2014-8472 号

稻盛开讲 3：作为人，何谓正确？
（DAOSHENG KAIJIANG 3：ZUOWEIREN HEWEI ZHENGQUE）

作　　者：〔日〕稻盛和夫
译　　者：周征文
责任编辑：贺　方
出　　版：东方出版社
发　　行：人民东方出版传媒有限公司
地　　址：北京市东城区朝阳门内大街166号
邮政编码：100010
印　　刷：北京联兴盛业印刷股份有限公司
版　　次：2015 年 4 月第 1 版
印　　次：2025年 3 月第 10 次印刷
印　　数：36 001-39 000册
开　　本：787 毫米 ×1092 毫米　1/32
印　　张：3.5
字　　数：26 千字
书　　号：978-7-5060-7933-4
定　　价：36.00 元
发行电话：（010）85924663　85924644　85924641

版权所有，违者必究
如有印装质量问题，我社负责调换，请拨打电话：（010）85924602　85924603

扫码即可收听有声版

動機至善

私心了無

编者按

京瓷及 KDDI 的创始人稻盛和夫先生，作为聚拢年轻企业家的盛和塾的塾长，为培养并提携经济界的新生力量倾注了毕生心血，通过盛和塾的历届活动，亲口传授其独树一帜的人生哲学与经营理念。

与此同时，作为经济、政治以及文化等众多领域的舆论领袖，稻盛先生的言谈常常备受瞩目。

稻盛先生的演讲字字珠玑，惜有幸亲临现场聆听者甚为有限。此次整理演讲原文，悉数结集出版，并将 CD 随书一同发售，望能惠及更多人士。

本系列丛书，若果真能为诸位的人生助一臂之力，成就辉煌未来，那真可谓是荣幸之至！

本书将 1995 年 7 月 6 日稻盛先生在盛和塾全国大会上的演讲整理成文，CD 中收录其演讲原音。会议现场录制，音质可能会有不尽人意之处，望能予以谅解。

本书 CD 与 KCCS 管理咨询株式会社

所发售的《稻盛和夫经营讲话CD系列》第28卷《为了度过幸福的人生》内容相同。本书根据演讲录音整理，为阅读之便，稍作改动与编辑。

目录

让灵魂得到净化、纯化和深化

工作中的"六项精进"

从佛教教义中学习活法

六項精進

我们为何而生？

每人的人生轨迹
各不相同

　　"对我而言，何为人生？""我为
何而生？""我来到这个世界，是为
了做什么？"这些问题，在年轻时我
就一直不断地重复并自问自答。想
必各位也有类似的经验。

　　我一直告诫大家要"拼命努力
工作"，大家可能会感到疑惑：人生
在世，是为了工作，为了饱尝劳苦

吗？还是为了享乐，为了度过美好人生呢？人生的意义，到底是什么？

事实上，我觉得这些问题是每个人都必须弄清楚的——何为人生？人生的意义是什么？人生的目的在哪里？

我们不但出身不同，而且出生时的环境、出生后的环境，包括之后的童年时代，一路走来的人生历程和如今的境况，都是各不相同的。正因如此，我们更需要找到一个共同的答案，来解答"对于我们人类而言，各自不同的人生有何意义"这个问题。

我想先讲出我的结论，也许有的人不认

可我的这套理念，认为这是"佛教味儿十足的说教"，但在这里，我还是先以两个理念来阐述我的结论。

人生只有一次。我们之所以来到这个世界上，是为了让自身的灵魂，或者说是作为人类本质的"真我"能够得到净化、纯化和深化。这便是最为正确的人生目的及人生意义。

也就是说，人生在世，是为了让自身的灵魂得到净化、纯化和深化。我觉得这便是对于人生意义的正确解释。

我们常常说，"人生只有一次"，也会

尽量通过这样的人生观来激励自己。我也喜欢这句话，且经常引用。

比如，当我创办第二电电（现在的KDDI）时，为了增加大家的向心力，也为了能够激励参与第二电电创建的人们，我说了如下一番话：

"人生只有一次。在这百年一遇、世纪罕见的变革时代中，信息通信走向民营化和自由化，国家允许私人企业进入该行业。在这巨大的变革中，我们所处的年代和年龄让我们正好可以担负起进行这场变革的重任，这难道不是一个千载一遇的机会吗？这样的机会怎能任其白白浪费？在仅此一次的人生中，眼前有这么好的机遇，叫人怎能不拼个了无遗憾呢？"

我的这番话，让大家做到了"万众一心"。每当遇到类似情况的时候，我便会使用类似"人生只有一次""人生无法重来"的措辞来表达自己的思想。

大家会认为，我之所以说"人生只有一次"，其本意是为了训诫自己，让懒惰的自我、散漫的自我及荒唐的自我得到扼制，但其实并非如此。

按照佛教的教义，我们的"真我"，或

者说灵魂，是在不断轮回转世的。我们的生命历程，并不是局限于"只有一次"的现世生活。

然而，我们降生于现世时，便失去了过去的记忆，因此无法获知如今是自己的第几世。似乎有的人具有前世的记忆，但这也只限于非常罕见的例子。由于我们不断轮回转世，这个世界对我们而言，实际上并非是"头一遭"了。

而轮回的目的，是为了让我们的灵魂、真我在现世的严酷环境下得到净化、纯化和深化。之所以说严酷，是因为只要我们的肉身存在，便必然会伴随着各种诱惑和从恶之心，以及各种劳苦，而我们经历的各种苦难，便是为了让我们的灵魂或者说真我，能摆脱诱惑，得到净化、纯化和深化。

人生的目的在于
"为社会为世人做贡献"

　　我们的人生意义在于磨砺人格、磨炼灵魂。这是我们应该抱有的人生观。如果觉得这样的想法佛教味儿过重、太过教条主义，那也可以采用这样的思维方式。

　　作为净化、纯化和深化灵魂或真我的方法，佛教提出了"八正道"。而其中最为重要的一个方法便是"积善行"。

这也就是我们一直对各位强调的"利他之心"。简单来说，就是"为社会为世人做贡献"。

因此，就如同我刚才所讲述的那样，如果你对灵魂或真我的纯化、净化和深化以及人不断轮回转世的佛教教义不太能接受，无法对这样的思维方式产生认同和好感的话，那完全可以这么想：我之所以来到这个世界，是因为要为社会为世人做贡献。

中国的古籍中也经常提到"积善"这个概念。其实这便是"利他之心"。

若要解释"为社会"的概念，可以把其外延从自身所处的地域社会向更大的社区、省、地区、日本，乃至全世界和宇宙扩展。要尽量以广阔宏大的"宇宙级规模"来考虑"为社会"的概念。即"为宇宙、为地球"。

在街上漫步时，大家想必经常会在街角、路边或人家的屋檐下，看到写有"祈求全世界人类和平共处"的标语吧。那是名为五井昌久（五井昌久，1916年-1980年，日本的宗教家，提倡"通过祈祷祈求世界和平运动"。——译者注）的有识之士所主导的活动，他在某日突然顿悟后，便开创了新兴宗教，而这个标语便是其宗教的根本思想之一。

我读过有关他事迹及教义的书籍，得知在他的倡导之下，信徒们把写有"祈求全世界人类和平共处"的标语挂在各街道社区。这在常人看来，或许没有什么意义。但这样的行为正可谓是"为社会"的典型。

我们当志愿者，给予他人微薄的帮助，抑或解囊捐款。这些行为也是"为社会"的体现，而每天祷告"祈求全世界人类和平共处"的行为，其"为社会"的高度就达到了"地球级规模"。这是一种催生人们"大爱"

的教义。

那些信徒们所倡导的，既非事关自身个体的愿望，也非仅限于自己周边小团体的博爱或关怀之类的"狭隘的利他之心"，而是着眼全球、具有"地球级规模"的大爱。

把宣传"祈求全世界人类和平共处"的标语，挂在各个街角。这样看似稀松平常的行为，却能够帮助一个人净化、纯化和深化自己的灵魂。

也就是说，在向神灵祈祷时，不许事关自身幸福的浅薄愿望，而是着眼全球、祈求全人类的和平。这样的行为，与自身灵魂的纯化、净化和深化相关联。

因此，如果对于刚才我所说的轮回转世及灵魂的纯化、净化等理念难以接受的话，可以用这样的方式去理解——"我的人生目标及意义，是'为社会为世人做贡献'，这便是我来到这个世界的目的所在"。

我认为，即便只想着"为社会为世人"这一点，也就足够了。因为"为社会为世人"这样的"利他之心"，是净化灵魂的重要因素。

如果能在心中把它明确为活在现世的人生目标，那么不管做什么，你都不会再迷惘。即通过与该目标相呼应的"活法"，便能消除迷惘，迈向明确自信的人生道路。

而大家现在在百忙之中抽出时间、花费金钱、齐聚一堂、互相钻研、努力学习人生及经营的道理，这样的行为，就像我刚才说的一样，也是以"为社会为世人"为出发点，由追求灵魂和真我的纯化、净化和深化的心灵所推动的行为。

因此，我希望大家在这次学习会结束时，务必明确把握自己的人生目标和意义。如果能做到这一点，你的人生航船就永远不会为疾风骤雨所动摇。

让灵魂得到净化、纯化和深化

要首先相信
"那个世界"的存在

在讲话的开始，我就提到：灵魂或者说真我，为了能够得到净化、纯化和深化，在重复的轮回转世中，一次又一次地把我们带到这个世界来修行。

我这么说，并非想向大家宣扬神秘玄幻之类的概念，而是希望大家相信一点——与我们所在的这个世界相对，俨然存在着另一个完全不同的宗教概念上的"那个世界"。

换言之，我希望大家相信灵魂的存在。因为如果否定灵魂，那么世间许许多多的事情就无法解释。

不过，我这么讲的目的，并非是让大家相信鬼怪存在或鬼神作祟。

我想说的是一个俨然存在的道理——世界必有阴阳两面，即灵界的存在。

之所以说，我们死后会前往"那个世界"，进行所谓的"重复的轮回转世"，那是因为如果去了"那个世界"之后不再回来，那么"轮回转世"便不成立。因此我觉得，"那个世界"的存在，是毫无疑问的事实。

然而，目前还无人能够证明"那个世界"的存在，因此目前的主流对其持否定的看法。但我相信，在当今21世纪内，人类一定能够找到"那个世界"存在的确凿证据，并可以以人人都能理解的方式来解读这一事实，而其实现的那一刻，正是人类最终获得救赎的时刻。我认为，如果人类无法正视"那个世界"的存在，那么人类恐怕会在发展之路上误入歧途，最终招致灭亡。

我认为，大家大可不必因为目前无法证

明便对其一味否定。我们大可认为"那个世界"（即灵界）是存在的。

我们死后的魂魄或者说真我，会作为灵魂前往"那个世界"，然后又会从"那个世界"回到现世。我希望大家能够相信这样的灵界是确实存在的。

相信灵界的存在，相信魂魄在脱离肉身后是有归宿的，这对一个人的修行及灵魂的纯化、净化起着非常关键的作用。

为什么会
"心想事成"

那么，何为灵魂及真我呢？

在座的诸位中，肯定有人涉猎书海，阅读广博，比我更有学识。在此，我仅提出我个人的见解。我们的意识——我经常说"要渗透到潜意识之中"，我认为，在我们所具有的意识之中（包括这个"潜意识"在内），似乎存在着灵魂，也就是所谓的"意识体"。

我们只能看见"实体"，因此觉得只有实体才是真实存在的，但我认为，似乎的确存在像意识这样的"非实体"。

由脑细胞活动所产生的意识，只是我们整个意识体中的一小部分，其通过我们的"五感"呈现出来。而我认为，这"意志强烈"的整个意识体，便是所谓灵魂。

也就是说，在我们重复轮回转世的过程中，意识体就像电脑的内存一样，记录着我们在这个世界不断积累的所有经历，而这意识体即是灵魂所在。

　　我之所以强调灵界和"那个世界"的存在，并非有什么特殊目的。而只是因为如果否定这些概念的话，轮回转世就根本无从谈起了。

　　因此，简单地说，所谓人生，就是"为社会为世人做贡献"的过程，也是人来到这个世界的目的所在。换言之，为了让自身的灵魂、真我获得纯化、净化和深化，其关键要素之一便是"利他之心"，因此，人出生的目的也可以说是为了实施各种"利他行为"。

　　我在前面已经说过，为了净化灵魂，我

们需要修行。而修行的关键要素，便是"利他之心"。

如果要问这"利他之心"与净化灵魂的根源依据是什么，那么就要从"业障"这个概念说起。我们来到这个世界后，会产生各种各样的"恶业"，所谓恶业，即恶念所导致的业障。

也就是说，如果心存恶念，则你的所思所想，都会变成业障，依附于你的灵魂之上。而依附于灵魂之上的心念业障，一定会在现实中得以呈现。我所说的"强烈而切实的愿望必定会实现"，也是基于这个道理。

所谓"心想事成"，即"思念造业"，而不管是善业还是恶业，都会依附于灵魂之上，并且最终都会开花结果、得以实现。

也就是说，善因生善果，恶因得恶果。

因此，愿望必会实现。

浏览一下东西方有关成功学的著作，你不难会发现，"心唤物必至""有志者事竟成"是任何一本书都贯穿始终的不二法则。因为他们都是遵循了"思念造业"这一规律的产物。

"利他之心" 能够消除业障

善念生善业，恶念生恶业，皆附于灵魂；善因生善果，恶因得恶果，这一切必归于现实。

同时，由"为社会为世人"的"利他之心"所产生的行为，则具有消除业障的作用。

在座各位中，想必有人接触过占卜，比如星相学占卜之类的事情。

我打出生起，从未接触过包括星相学之类的任何占卜，但看过相关的书籍，因此略知一二。

占卜师往往会说"你今年的运势非常差""你会遭遇这方面的问题"等话。

不过，有时占卜师也会这么说"不管你自己是有意还是无意的，正好在那个时候，你做了那样的事情，也就是做了好事。正因为这样，你才逃过一劫……"

"本来按照占卜的结果，你今年的运势其实是非常不好的，你可能会遭遇各种出乎意料的不幸，发生各种不顺利的事情，而你却机缘巧合地做了某件事情。事实上，正是因为你做的那件事情，导致你逃过了原本注定的厄运"。

像这样的占卜例子，并不少见。

如果一个占卜师说："你灵魂中所附着的孽障本来是要遭到现实报应的，可它却因为某种原因而消除了。""或许是你去年和今年所做的'利他行为'使其消除了。"

那么就证明他掌握了"宇宙法则"。

也就是说，"利他之心"既能起到净化灵魂的作用，还能够消除人们的孽障。

工作中的『六项精进』

繁忙的日常工作
亦能磨砺灵魂

　　针对"何为人生？何为人生目标？何为人生意义"这样的问题，我给出的回答是——"人之所以来到这个世界上，是为了让自身的灵魂（或者说真我）获得纯化、净化和深化"，"而实现这样的目标，'利他之心'是关键要素，因此要树立'为社会为世人'的目标"。

然而，为了实现自身灵魂和真我的净化、纯化和深化，人们自古以来一直在进行各种艰难困苦的尝试。

　　比如在佛教中，禅宗的僧人们每天都要苦心修行、坐禅入定，以求得灵魂的净化。而在比叡山的寺庙中，会进行一种名为"千日回峰"（千日回峰是发源于天台宗比叡山的一种修行方式。修行者要在7年内的1000日之中，拜谒比叡山的各峰。每日步行大约30公里。在完成为期700日的修行后，要进行为期9日的"入堂坐禅"，期间断食、断水、不眠、不卧。到了第7年，前100日拜

谒京都市内的各寺庙，后 100 日再次拜谒比
叡山的各峰。"千日回峰"被人称为"苦行中
的苦行"。 ——译者注）的惊人苦行，其目
的也是为了让自身的灵魂、真我尽量获得净
化和深化。而那些精于瑜伽之道的圣人们则
会隐居于喜马拉雅的深山中，潜心于冥想，
从而正视自身灵魂的纯化与净化。

　　人们一直不辞劳苦地努力获得灵魂的纯
化和净化，磨炼自己，原因就在于，一个人
灵魂的净化程度，将会决定此人在"那个世
界"的归宿。

　　正因为净化灵魂是人类的终极关怀，因

此自古以来就有无数的有识之士倾其一生潜心修行，只为求得自身灵魂的净化。

现场的各位，包括我在内，我们来到这个世界，不知是幸运还是不幸，都担任了企业家的角色，尽管有的人是接受委托而管理企业，有的人是继承父母的企业，有的人是自己创业。

我想对各位说，人生在世，独自生活已经不易，而各位多多少少都雇用着几名员工。而员工大多数都不是孑然一身，他们都有自己的家人，而正因为有各位的雇用，员工们才能养家糊口，这本身就是非同寻常的可敬之举。如今的时代，光是养活自己都不容易，各位肩上却挑着为员工生计负责、为员工家人生计负责的重担，这样的行为本身就已经是"利他之心"的实际体现了。

因此，经营中小企业，本身就是一份伟大的工作。正因为如此，中小企业经营者们更应该不辱使命，昂首挺胸。

如果中小企业经营者们都能具有如此高尚的人格和思想，那么我们的世界就会变得和平和富足。

一些人会把商人或者说中小企业经营者看作唯利是图的生意人，这种观点是绝对错误的。现场各位所从事的事业，本身就是值得敬佩之善举，是高尚的行为。

因此我认为，如果各位能够通过这样的学习进一步充实自我、完善自身的话，就会让我们的社会和世界变得更加光明和美好。

由于机缘巧合，我们这些人，有的人通过继承父母的企业，有的人通过从事父母的事业，有的人则通过独立创业，从而成为了中小企业的经营者。与为了纯化和净化自身灵魂而倾其一生潜心苦修的宗教家们相比，我们这些人往往没有这样的时间去修行。

不少人会进行冥想，我觉得这么做非常

好。有的人则会通过互相学习、交流来提升心性，这也是非常好的做法。然而，也有许多人忙于每天的工作事务，完全没有这样的时间。

整日忙碌，有的人每天可能就没睡几个小时，这可谓是我们这些企业经营者的生活常态。那么，难道我们这些人就无法获得救赎了吗？就无法开悟人生真理，无法实现灵魂的纯化和净化了吗？

在我看来，答案当然是否定的。我们也能获得救赎。

净化灵魂的
六大要素

在佛教教义中，有各种提倡世人去实践的修行内容，而我在对其理解的基础上简单归纳出了六项。其中第一项是"付出不亚于任何人的努力""不惜努力、拼命工作"。

这种"不惜努力、拼命工作"的态度，在佛教中被称为"精进"。所谓精进，就是以努力的态度积极生活。

佛教把修行看作精进的体现，而我们在现世拼命努力工作、拼命努力生活、心无旁骛投入工作的态度，事实上与宗教家们的苦修并无本质区别。这两者绝对是不矛盾的。我们苦心办企业，与宗教家们潜心苦修的行为是共通的。我所说的"不惜努力、拼命工作"的含义，绝非停留在"为了让公司赚钱而一心工作"这样的狭隘层面上，而是指一种修行，一种苦行。

而这样的苦行，即精进，实际上与灵魂的净化是直接相关的。

第二项是"谦虚戒骄"，中国有句古话叫"谦受益"。反之，寡义廉耻及刚愎自用者是无法求得善果的。

能求得善果的，必是谦虚、克己之人。有些企业家在职业生涯中会强势争斗、排除异己，这样的人或许会给人以"英勇干练"的印象，但真正的"集大成者"是不会这么做的。一名真正意义上的优秀企业家，即便内心具有燃烧的热情与好强的秉性，但在人格本质上却保持着谦虚、克己的美德。

在中国古籍中有这样的描述：凡是将来会出人头地的人物，其身上势必会散发出一种带有谦逊美德的光芒。

我也发现，将来会取得卓越成就的优秀年轻人，其身上都会闪耀一种"谦逊美德"的光辉。按照中国骨相学和面相学的说法，如果一个人年纪轻轻便能做到"君子温如玉"般的淡然与谦和，那他将来必成大器。

因此，做到"谦虚戒骄"，对于净化灵魂是非常关键的要素。

第三项是"天天反省"。反省的内容，是自己的"利己之心"。也就是说，在做"利他之事"时，首先要想想自己是否把"利己之心"放在了"利他之心"前面。要消除那种"只要自己的利益得到满足就行了"的想法，要通过反省来抛弃这类自私自利的邪念。

换言之，"天天反省"就是反省并清除自身的"利己之心"。

在禅宗的经文中，有一篇白隐禅师的《坐禅和赞》。经文中有一句是"念佛忏悔行"。其中所说的"忏悔"，便是指反省。

忏悔在修行中占据着很大的比重。我真切希望大家能够坚持不懈地做到"每日三省吾身"。

第四项是"活着就要感谢"。

其实，如果没有一颗感恩幸福的心，就不会感谢他人。那么，人怎样才能感受到幸福呢？

一般来说，我们人类总是生活在"不知足"之中，由于不知足，就必然会产生不满和不平。因此，"知足"就显得很重要了。如果能够做到知足，则会产生"这样就已经很棒了""这样就已经很好了"的心态，幸福感便油然而生。

一旦拥有了幸福感，人必然会懂得感谢。因此我们要懂得"活着就已经是幸福"的道理，对上天赐予的生命抱有感恩之心，这点非常重要。

比如，各位之所以能在百忙之中抽出时间、花费金钱来到这里齐聚一堂，是各位的员工或同事在公司拼命努力的结果，这才有了各位来参加此次活动的费用。因此，各位应该对他们心存感谢。在每天的生活中，我们应该做到能够像这样自然而然地流露出感恩之情。

只要有这样一颗感恩之心，多细小的事情都能成为你感谢的对象。"知足之心"催生幸福感，幸福感自身流露出感谢之情。这对净化灵魂起着非常大的作用。

第五项是"积善行、思利他"，也就是"为社会为世人做贡献"。在我一直强调的理念之中，这点最为重要。

最后，即第六项，则是"不要有感性的烦恼"。

比如，像"支票无法兑现""明天公司可能会倒闭"之类的烦恼，应该全部抛之脑后。

对于我的这种说法，大家可能会不以为然，可能会想"这种态度会让公司倒闭的"，"生于忧患、死于安乐，如果不担心公司会倒闭，那搞不好公司真的就倒闭了"。为了让支票能够兑现而四处奔走；当公司濒临倒闭时，拼尽全力进行挽救；这些的确都是必须做的事。

而我所说的"不要烦恼"，是指不要因为这些事情本身而陷入烦恼、徒添心劳。

人生在世，时常会碰到诸如此类的各种不顺和逆境。"如果在拼命努力后公司还是倒闭了，那也是没办法的事"，要以这样的心态去面对。

如果一味纠结这种烦恼，则会被烦恼本身所累，比如，如果连家里的夫人都跟着一起担心，觉得"公司倒闭的话怎么得了?!

人们会以怎样的眼光看待我们？"的话，那就会让事情变得更糟。

如果在拼命努力后公司还是倒闭了，那也是没办法的事。例如虽然得到了客户的支票，结果却因为客户的公司倒闭而导致支票无法兑现，从而使自身大量负债。这样的情况在现实中的确存在，也正因为如此，我们在平时就更加需要努力经营。

就像我刚才所讲的，"付出不亚于任何人的努力"是"六项精进"中的第一项。我们当然要努力战胜困难，但不要因为困难本身而陷入烦恼、徒添心劳。

人生在世，当然会碰到艰难困苦。既会遭遇灾难，也会身患重病。而与那些出生就身体不健全的人相比，大多数人还算幸运。那些出生就有身体残障的人，他们的人生之路在一开始就注定比我们要更艰难。

　　在我们这些身体健全的人看来，那些残障人士是不幸的。但他们之中，有许多人拥有着比我们更加美丽的心灵。其中有的人那充满"真善美"的言行举动，反而给予了我们这些身体健全的人以希望与梦想。

　　所以说，人生自然伴随着各种艰难困苦，而我们不要因为困难本身而产生感性的

烦恼，更不要使其侵蚀心灵。要知道，人生

在世，本来就是要经历风风雨雨的。

　　如果被烦恼彻底绑架，往往最终会想到

自杀。因此我们绝对不要有感性的烦恼。

每天重复平凡的工作，
人生就能获得飞跃

请允许我再次归纳一下前面所讲的"六项精进"。

一、付出不亚于任何人的努力。

二、谦虚戒骄。

三、天天反省。反省并清除自身的"利己之心"。

四、活着就要感谢。"知足之心"是幸福感之源。

五、积善行、思利他。

中国古籍中便有"积善之家，必有余庆"的说法。同情、体谅他人以及为了他人而尽力的行为，实际上是对自身的一种救赎。所谓"善有善报"，你对他人实行的所有善举，最后一定会反馈到自己身上，从而给自己带来幸福。

六、不要有感性的烦恼。

我觉得，大家如果能在企业管理的日常工作中做到这六项，则就会对自身灵魂的纯化和净化有所帮助。就算没有时间像宗教家那样潜心苦修或每日坐禅，只要在每天的工作中做到这六项，我认为灵魂便会得到纯化和净化。

这并非是我"一厢情愿"的主观推断。在我明白这个道理并付诸实践后，不管是我的人生还是我的事业，都变得异常顺利，其顺利程度甚至超越了我自身的才能和能力。简直就好像"有如神助"一般。

我经常有这样的经历，比如一般来说不可能如此一帆风顺的事，却真的以不可思议的方式成为了现实。

这样的情况如果发生在宗教家的身上，我们可能会认为他具有超凡的灵力，或者是具有能够生成绝妙超能力现象的奇人。

但我并不认同这样的解读，我觉得只要每天坚持重复似乎人人都能做到的平凡工作，到了某一天，人生便会出现这样精彩的飞跃。

只要精诚所至，
整个宇宙都会帮助你

日本历史上的改革家二宫尊德曾说过"至诚所感，天地为动"。换言之，精诚所至，金石为开。只要具有至诚的态度，天地、神灵和自然都会成为支持你的后盾。

二宫尊德所说的"至诚所感"，就是指努力奉行上面所说的"六项精进"。

我认为，这正与以实现灵魂净化与纯化为目的的修行如出一辙。我相信，只要坚持"六项精进"，就会获得神灵的幸运加持。因此从这个意义层面上来说，所谓修行，并非什么高深莫测的行为。

我们这些企业家，绝非一味追逐利润、不讲原则的所谓"肮脏商人"。当然，既然办企业，当然要追求利润，但其目的是为了给员工们提供更好的生活保障。

我们不但要为员工负责，还要为员工的家人和自己的家人负责。为了让他们现在和将来的生活有所保障，我们拼命努力工作。

如今这个时代，光是养活自己已经不容易，各位肩上却还挑着为员工家人生计负责的重担，这样的行为正是"利他之心"的实际体现，即善举、善行。

如果企业家能以这样的目标而努力，员工也会对企业和企业领导产生认同感和向心力，而如果能打造这样的企业，则其与宗教家修行的终极关怀是一致的。

我相信，如果能采取如此纯粹真诚的"活法"，做到"至诚所感"，那么"鬼神天地都会为之所动"，并且能够"人离难，难离身"，神灵都会被你的美丽心灵所感动，从而对你伸出援手。

这并非是我的主观意愿，其实在我的人生中，尤其是在天命之年以后，我所取得的成就，往往都是超越了我个人的力量和能力限度的。

如今的我，一周只去京瓷公司视察一次，并且也不是每周都去。但实际情况是，京瓷的高层干部们一直对公司的发展表示惊讶。他们想必也不禁感叹道："我们确实相信京瓷哲学（以'作为人，何谓正确？'为核心的京瓷哲学），也在工作中付诸实践，但还是没想到居然会收获如此大的效果。"

我刚创办第二电电、踏入信息通信行业时，就始终抱着一个念头——为了让日本国民能享受更为实惠的通信服务，一定要想办法让当时"3分钟400日元"的话费降下来。

　　"动机至善、私心了无"，这是我当时经常说的话。我将"为了国民"的意念贯彻到自己的事业中，这不仅让第二电电腾飞，同时也推动了京瓷公司的发展。

　　从这个事例来看，与其说这是凭借我自身才能取得的成就，不如说是神灵对于我的"活法"和"企业发展理念"的认同和恩赐。

　　因此，我不会陷入迷惘。

　　各位只要按照我刚才所说的去做，必然也能让自己的企业迎来璀璨的未来。并且我觉得，这便是宇宙的法则。

活着就要感謝

从佛教教义中学习活法

白隐禅师的《坐禅和赞》是
人生的指针

　　我非常喜欢白隐禅师所念诵的
《坐禅和赞》。虽然我出生于一个信
奉西本愿寺净土真宗的家庭，但在
我开始创办企业后，与京都禅宗的
僧人们的交往日渐深厚，因此如今
我是一名禅宗信徒。

　　白隐禅师所写的《坐禅和赞》
可谓字字珠玑，因此在演讲即将结

束之际，我想以念诵它来作为总结。在场的各位中，可能有人早就知道这段经文。

众生本来佛，恰如水与冰。

离水则无冰，众生外无佛。

众生本来都是佛，就如同水与冰的关系。离开了水，冰便不存在；同理，离开了人，佛便不存在。

对面不相识，却向远方求。

譬如水中居，却说渴难耐。

佛就在众生身旁，也就是在众生心中，可众生却浑然不知，还去远处追寻那虚无缥缈的佛性。这就好比明明身在水中，却还喊着口渴。

本是富家子，沦为穷乞丐。

六道轮回因，只缘愚痴暗。

漫漫长夜路，何时了生死。

有人明明生在富足之家，最后却沦为贫民窟的居民。不断轮回转世中所积累的业障，再加上心中的不平不满，使人走入歧途。如果一个人对人生不知感恩，只存不满，就等于走上了一条充满黑暗的人生迷路，直到死亡。

摩诃大禅定，赞叹无有尽。

六度波罗蜜，念佛忏悔行。

诸多善行谊，悉皆归其中。

人的一生中，如果心中禅定，勤于坐禅，则善莫大焉。

布施即利他行为，至于持戒，也就是守戒。即我刚才所讲的反省。此外，它还有谦虚之意。并且，就如同通过念佛来忏悔一样，通过布施这样的利他行为，以及感谢，也能实现对自我的反省，而这些都属于积德的善行。

静心一禅定，能灭无量罪。

免落诸恶趣，净土即不远。

像我们这样的企业家，在实现某种成功

之前，不管出发点多么好，在其过程中还是会积累孽障。而这样的孽障，亦可通过布施、持戒、念佛和忏悔等修行和善行来消除。如果能这么做，那就离净土，即天国不远了。

幸蒙此法要，一旦触及耳。

赞叹随喜者，即得福无量。

就算一次亦可，如果有人听到该经文时赞叹随喜，即浑身感受到至上的幸福，以至于眼泪夺眶而出的话，就算不理解经文的含义，也能获得无限的福报。

设若自回向，直证自本性，

自性即无性，远离诸戏论。

因果一如门，无二亦无三，

无相相为相，去来皆本乡。

无念念为念，歌舞尽法音，

三昧无碍空，四智圆明月。

此时复何求，寂灭现前故，

处处皆净土，此身即是佛。

更不必说，如果能主动发愿，证明自己的本性及真我的存在，即通过坐禅来确认自身灵魂及真我存在的话，自我的本性则会在刹那间化为乌有，从而达到无因无果的"四大皆空"。一旦进入该境界，你自身便已然成了佛。而你当前所在之处，即是天国。

白隐禅师所写的《坐禅和赞》，就算是我们这些现代人，亦能理解其字句的含义。

佛教的经文，譬如《般若心经》等，内容往往过于深奥，导致普通人难以理解。而这《坐禅和赞》的语言则较为平实，使得我们现代人也能够理解其含义。并且该经文的含义直接触及了佛教的精髓所在。

正如白隐禅师所教诲的那样，我相信，如果我们的人生能以这《坐禅和赞》为准绳，则我们所经营的企业也能走上一条前途光明的良性发展之路。

以利他之心

為判斷基準

活法的真髓

稻盛和夫箴言集

3

21

之前的箴言集收录于"稻盛开讲"系列以下分册中。

活法的精髓 1（1~10）刊载于《稻盛开讲 1：人为什么活着》

活法的精髓 2（11~20）刊载于《稻盛开讲 2：经营力》

我认为，人们对于人生的终极关怀，应该是在回忆人生时，能够感受到"为世界做出了贡献，同时自己也获得了幸福"。

　　　　　　　　　　　　《敬天爱人》

22

来自工作的喜悦，并不像糖果那样，一放进嘴里就甜味十足。有格言道"劳动有苦根甜果"。喜悦从苦劳与艰辛中渗出，工作的乐趣就潜藏在超越困难的过程中。

　　　　　　　　　　　　　　《活法》

23

每个人都想度过优越幸运的人生。但美好人生并非凭空的天降之物，而是通过磨砺自身心志才能获得的。因此，首先每天要努力让自身的心灵变得美好。而磨砺心志的基本方式便是"勤勉"。这在佛教中被称为"精进"。不仅限于工作，只要埋头刻苦、专心致志于一件事就可以。

　　　　　　　　　　　　　　　　《德与正义》

24

始终保持火一般的热情,不论什么时候,什么场合，什么事情，一概以"极度"认真的态度面对，通过这样的日积月累就能创造我们人生的价值，就能将自己的人生之戏演绎得精彩纷纭。

《活法》

25

人生不如意事十有八九。有时我们甚至怨恨神佛，为什么只让我经历那么多的苦难？但正是这些苦难才能磨炼我们的灵魂。把苦难看作考验，我们需要这样来思考问题。所谓人生中的苦难，乃是锤炼自己人格的绝佳机会。

　　　　《活法伍：成功与失败的法则》

26

的确，命运这东西，在我们的人生中俨然存在，但它不是人力无法抗拒的"宿命"。命运可以随着我们心态的改变而改变。唯一能改变命运的就是我们的心灵，人生由自己创造。

　　　　　　　　　　　　《活法》

27

"知足"即是对自己生命的感谢。正因
为有一颗感恩之心，才会切身感受到满足。
实际上，这样的心态本身就是一种幸福。

　　　　　　　　　　　《德与正义》

28

人生自有"阴晴圆缺"。幸运眷顾时自然人人欢喜，而灾难降临时，也要把它当作一种修行，并要感谢上天至少让自己还活着，这样能够净化心灵，使命运向好的方向扭转。

《感谢上苍承蒙神佑》

29

灾难能够消除过去的业障。因此应该这么想——"谢天谢地，这种程度的灾难便消除了我的业障"，要抱着这样感恩和乐观的心态去重新看问题。如果对于灾难都能以如此积极的思维方式去对待，那么就能使自身的命运向着好的方向去转变。

《新日本·新经营》

30

无论外部条件如何变化，幸福其实一直就在每个人身边。如果能够抱有感恩之心，认为"我现在是幸福的"，并且每天坚持不断努力提升自我，便能够抓住新的幸福。

《德与正义》